U0166133

很久很久以前，
你只是一个小小的原子。

在 138 亿年漫长的旅程中，你一点点地改变模样，最后进化为人类。

虽然你已经记不起这段旅程了，

但你的身体里面，却装满了记忆。

你经历了什么样的旅程呢？

让我们从 138 亿年前开始，回忆一下你的旅程吧。

你会想去宇宙旅行，
也许是因为很久以前，你在宇宙里飞行过。

当你还是一个原子的时候，
宇宙里还一颗星星也没有，一片漆黑。
“有谁在吗——？有谁跟我一起玩吗——？”
你在寻找朋友，可是太黑了，什么也看不见。

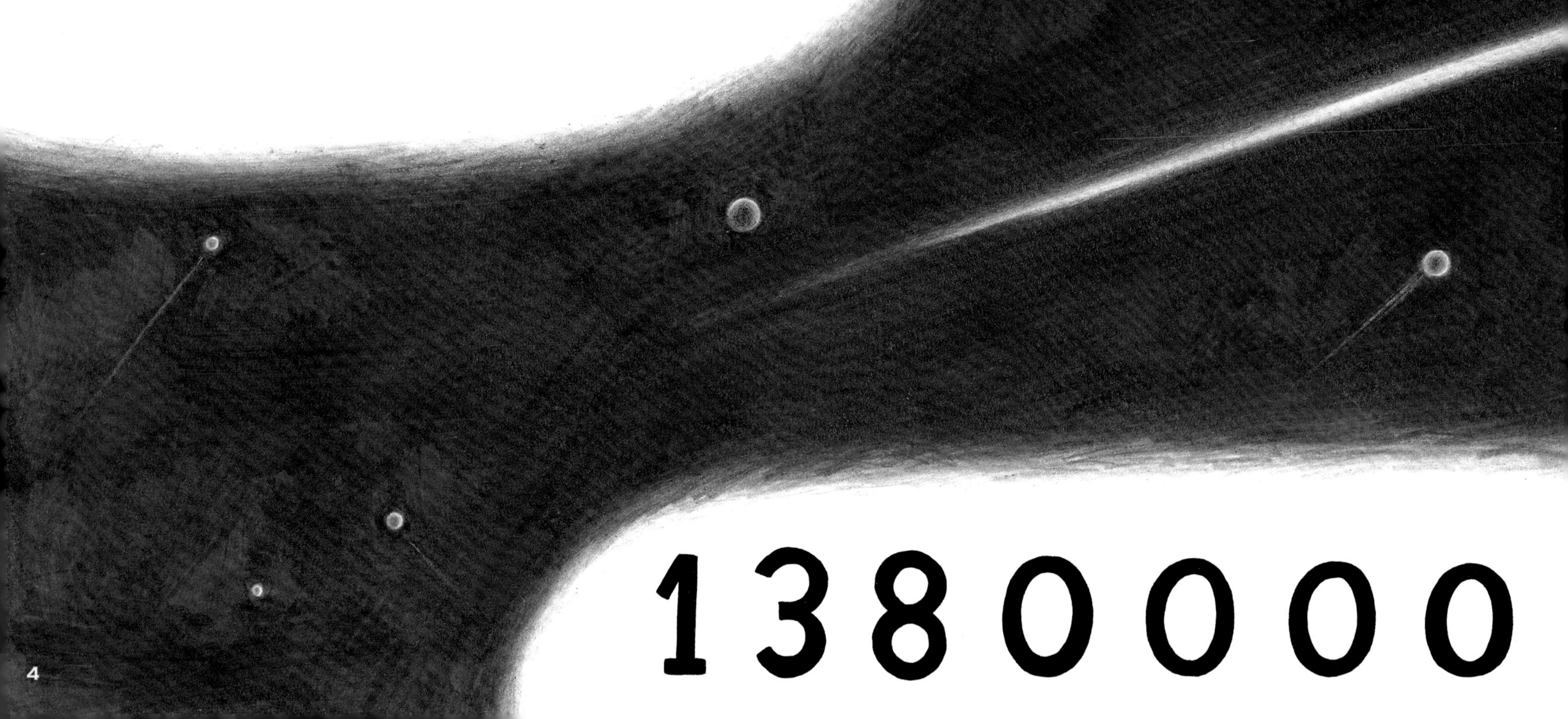

1380000

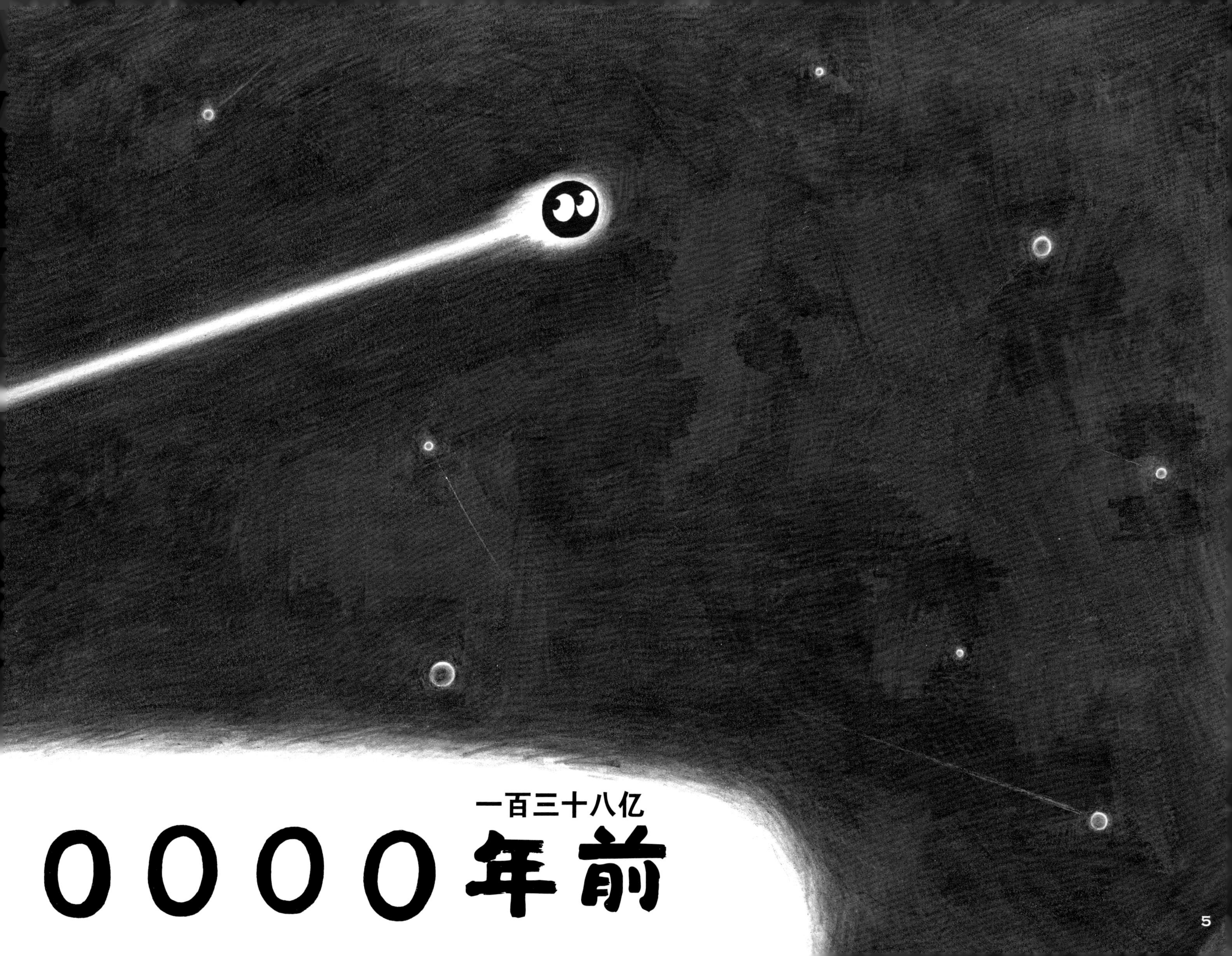
一百三十八亿
0000年前

你会想，星星真漂亮啊，
也许是因为很久以前，你就是星星。

有一次，你在黑暗中看到了一颗闪闪发亮的星星。
“啊，多漂亮啊！那里会不会有朋友呢？”
你好像被吸过去了似的，朝星星冲去。
星星是由无数个原子构成的，
你也和朋友一起，成为了星星的一部分。

“太开心了！再多聚集一些朋友吧！”
原子越聚越多，星星也越来越大；
很快，星星就大过了头，发生了大爆炸。
你又被抛到了宇宙里。

你会想“有没有宇宙人呢”，
也许是因为很久以前，你就是从宇宙来的。

原子在宇宙中创造了很多星星。
其中，有一些紧紧地聚集在一起，成为沙粒。
沙粒聚集在一起成为石头，石头聚集在一起成为陨石，
陨石撞击在一起，融化后变成了岩浆星球。
宇宙里热闹极了。

“真好，我也很想再去别的星球上。”
于是，你就乘上身边的陨石，飞向岩浆星球。

460000

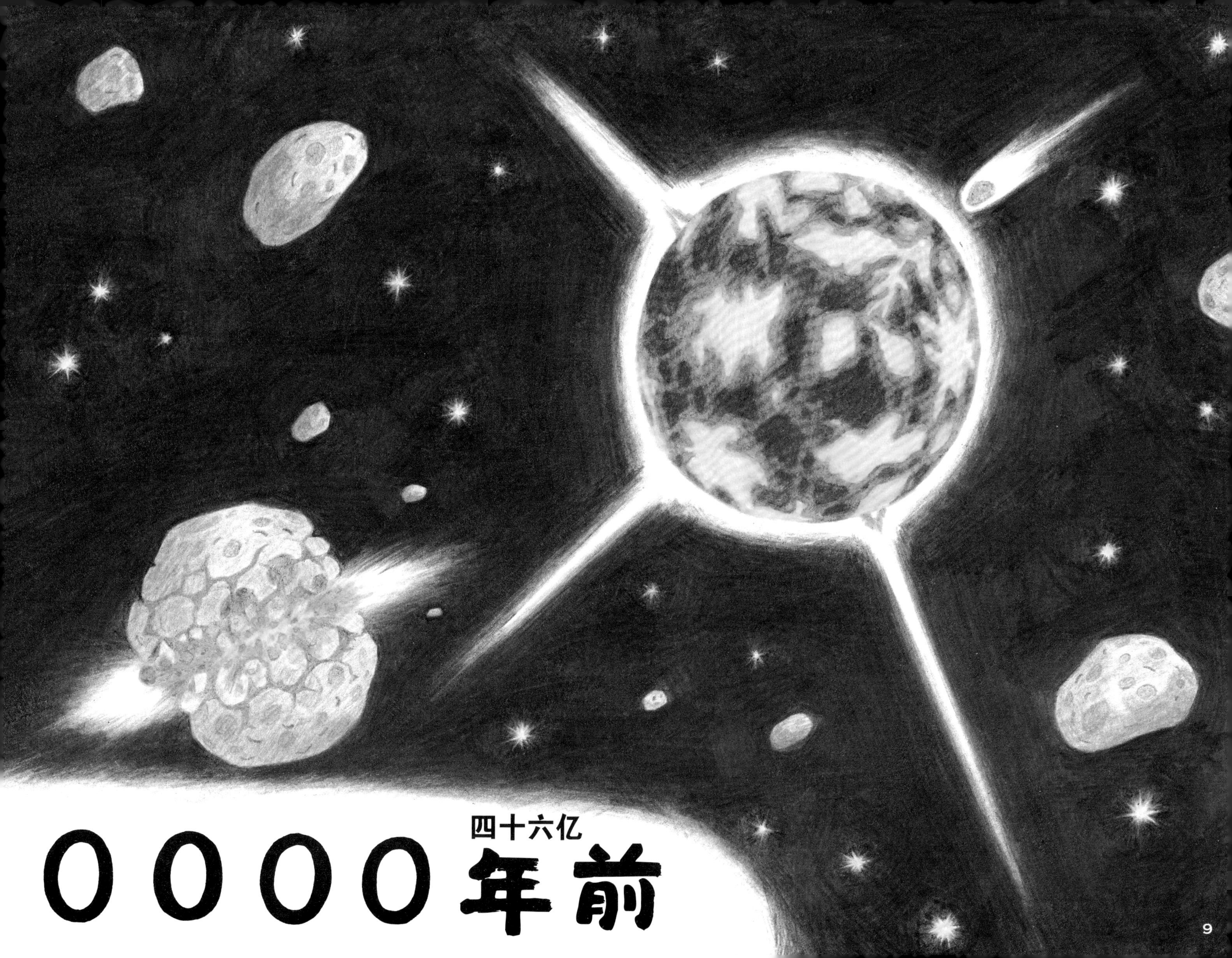
四十六亿
0000年前

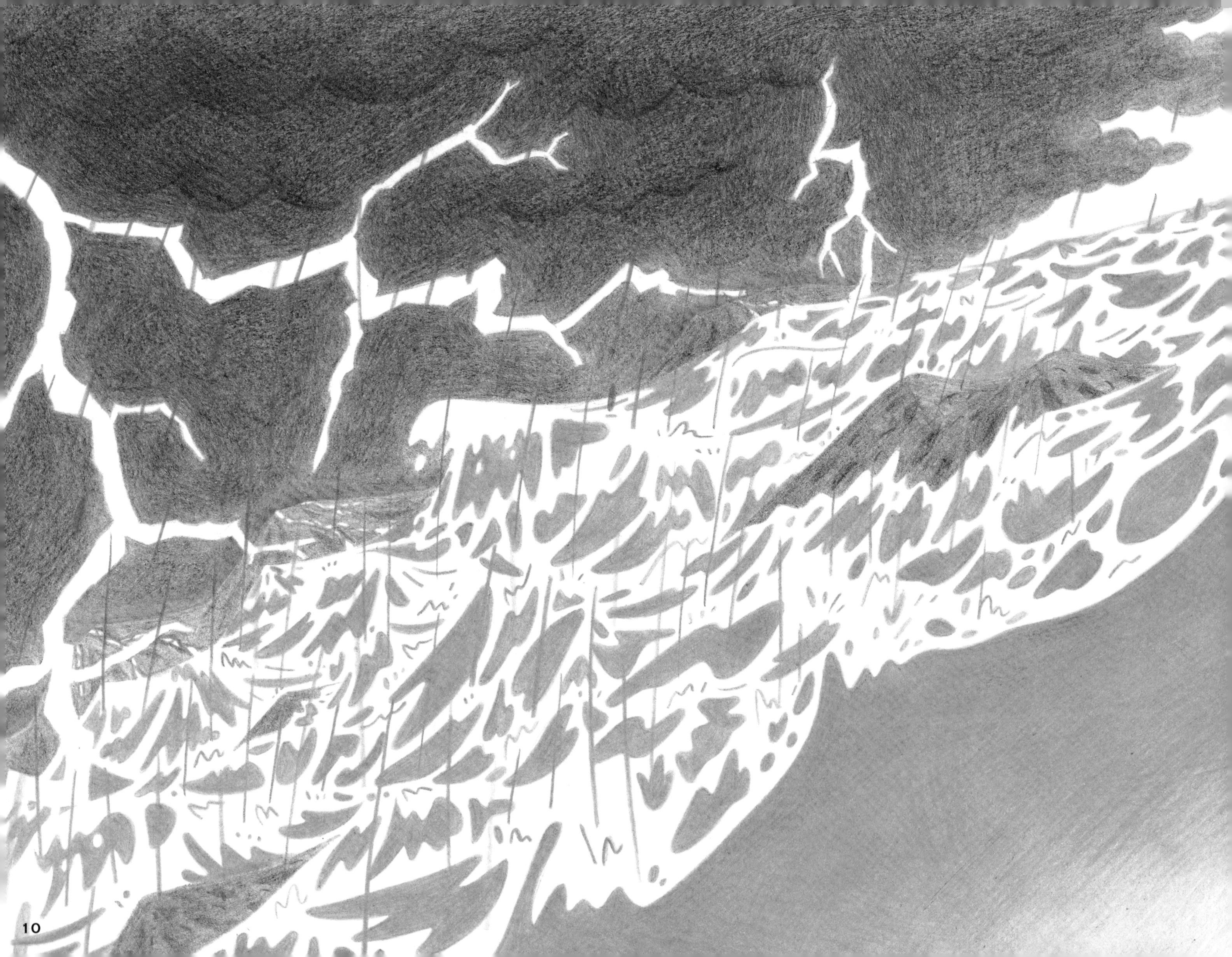

岩浆星球是刚刚出生的地球。
当陨石不再撞击地球，岩浆便渐渐冷却变硬。
岩浆的滚滚热气，汇成了厚厚的云，
雨下了一千年，变成了大海。
你夹在雨中，融到了大海里。

“海里好舒服啊！地球全部都是大海吗？”
你很想出去探险，可你出不去，你只能在水里晃来晃去。

你一看到大海就激动，
也许是因为很久以前，你就是大海里的生物。

即使在海里，无数个原子还是形成了各种各样的结构。
有的像绳子，有的像肥皂泡，
你粘在各种形状的结构上，变成了一种叫“细胞”的生物。

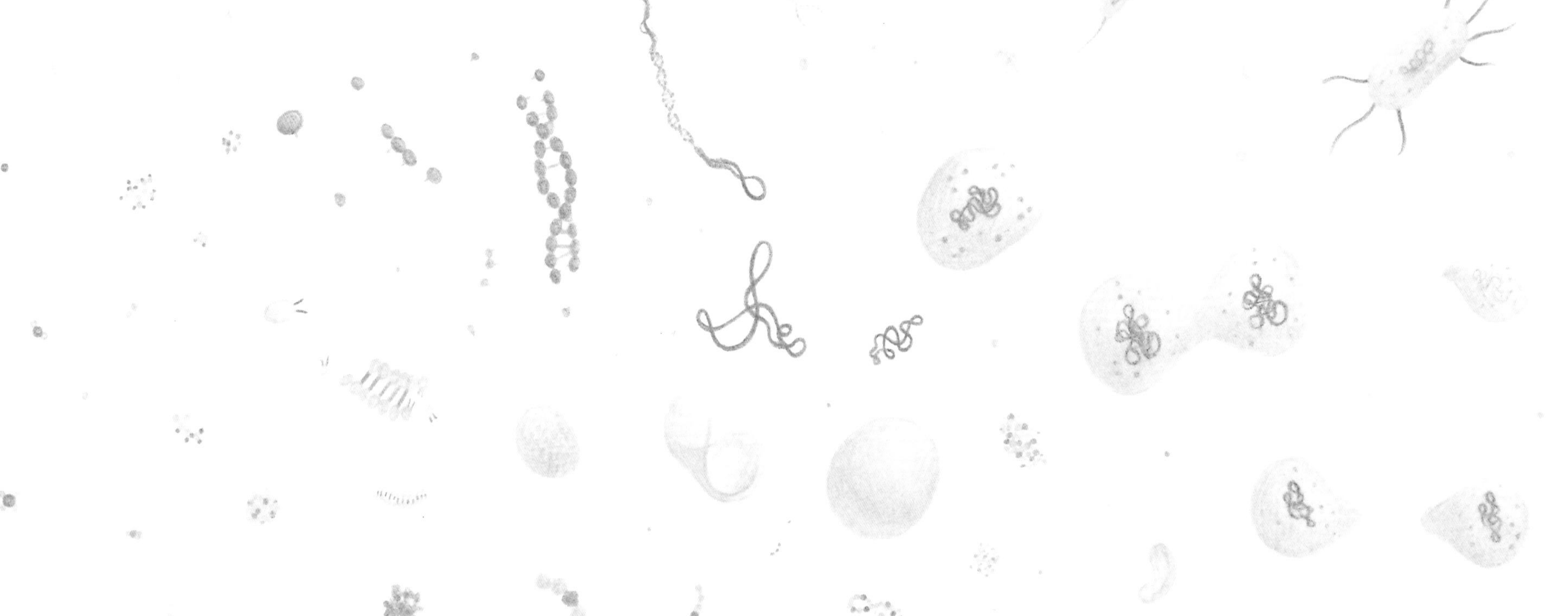

4000000000年前
四十亿

细胞小小的，小到用显微镜才能勉强看到。

你晃动着像头发丝一样的尾巴，总算可以动了。

“太好了，我终于也有身体了！而且，还可以分裂身体呢！”

说完，你便不断地增多细胞，开始制造更大的身体。

你总是没办法一动不动，
也许是因为很久以前，你一直紧贴在海底。

细胞也像原子那样，一个个连接到一起，
变成像水母或是蚯蚓一样的东西。
你变成了像坛子一样的生物，紧贴在海底。

“水母多好啊，可以游来游去。”
你伸展了一下，扭了扭身体，
可是你既不能游泳，也不能移动。

580000000年前
五亿八千万

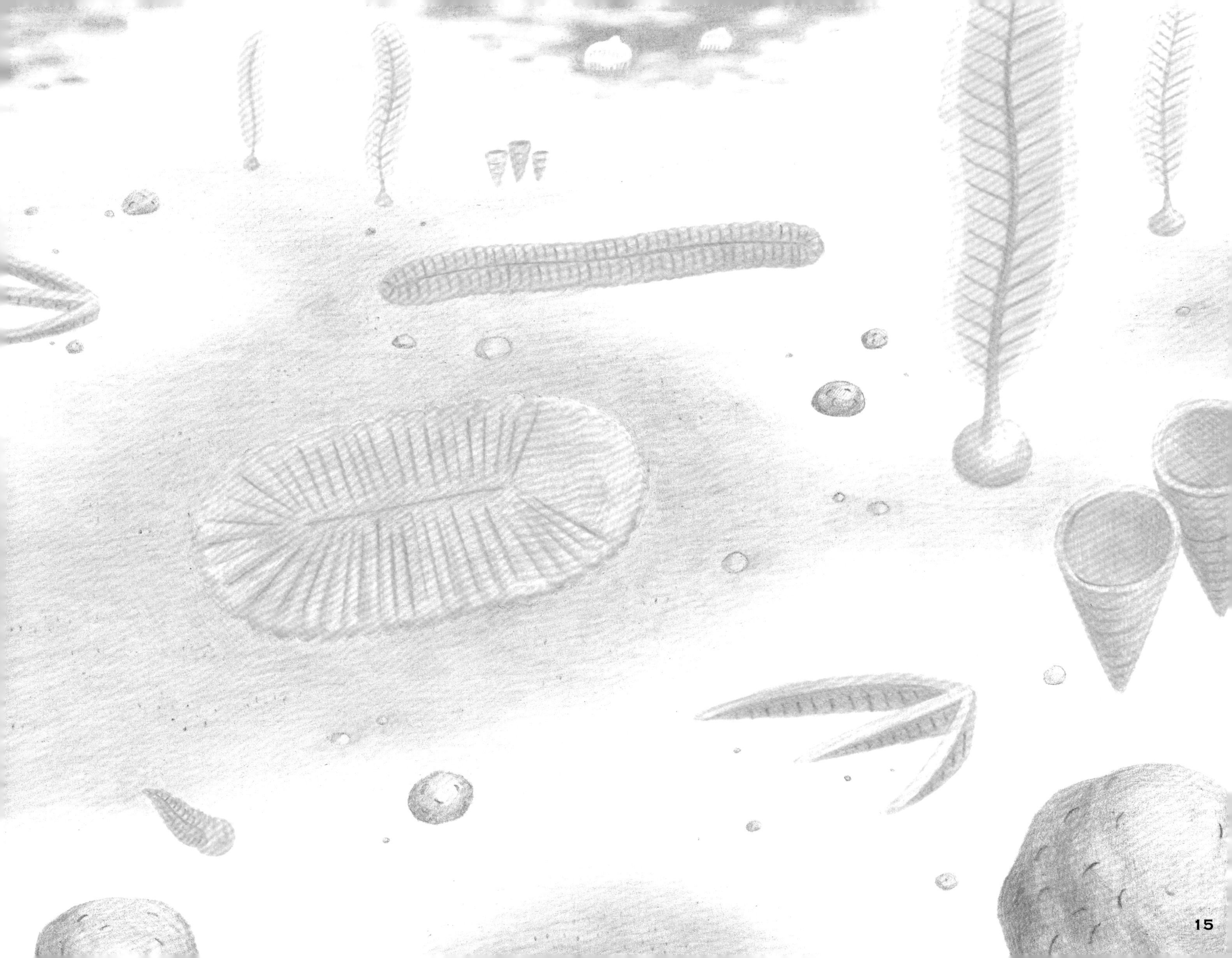

540000000年前

五亿四千万

你喜欢变形金刚，
也许是因为很久以前，你“变形”成了一条鱼。

当你会游泳了，
细胞便渐渐地在你的身体里制造了骨头，在躯干上制造了鳍。

“太好了，我也会游泳了！”
说完，你便和朋友们在大海里游开了。

460000000年前
四亿六千万

410000000年前
四亿一千万

你从大海游到了河里。

你从水里稍稍探出头来，看向陆地；
陆地的太阳好晃眼啊，风吹在身上舒服极了。
在水的外边，细胞变成了草木和虫子。

“多好啊，草木和虫子能活在陆地上。”
你拼命地甩着鳍，啪嗒啪嗒，
可是你不能在陆地上行走。

你想去外面奔跑，
也许是因为很久以前，你为了去水的外面生活而拼命地练习过。

你一遍又一遍地练习怎样离开水。
于是，细胞又不断地改变着身体的形状——
鳍变成了脚，鼻子能吸气了，
即便离开水，身体也不会干涸了。

“太好了，我也可以在水的外面生活了！”
说完，你便开始在森林里生活了。

400000000年前
四亿

310000000年前
三亿一千万

你喜欢恐龙，
也许是因为很久以前，你就想成为恐龙。

不过，因为你长得只有老鼠那么大，
所以你必须做到千万不能让恐龙吃掉。
为了不让孩子也被轻易吃掉，
你不再下蛋，而是改成在肚子里养育宝宝。

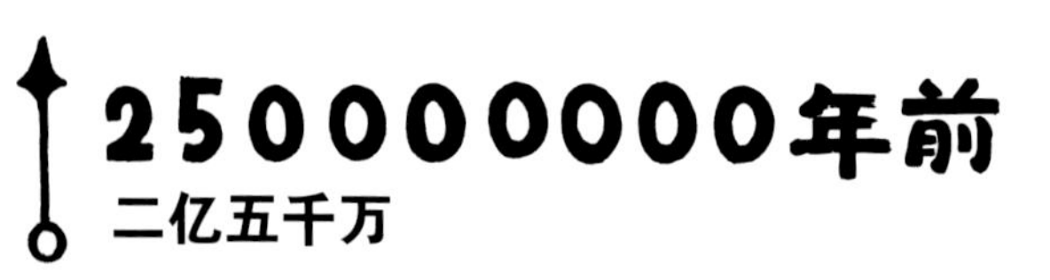

200000000年前
二亿

“多好啊，恐龙真大啊！”
你吃了好多东西，
可是你还是无法变成恐龙。

140000000年前
一亿四千万

轰隆隆隆 —— 砰！

隔了好久，巨大的陨石又落了下来。

从此，恐龙几乎灭绝了。

66000000 年前

六千六百万

你因为太小，所以幸存下来。

幸存下来的生物，
又开始在各种各样的地方生活。
你虽然没有变大，
但你可以在树上生活了。
“树顶上的风景真好看！”
走，去森林的边上看看。

60000000年前
六千万

森林的外面，是一片无边的草原。

你从树上爬下来，用后脚站立，然后跑了起来。

你就这样成为人类。

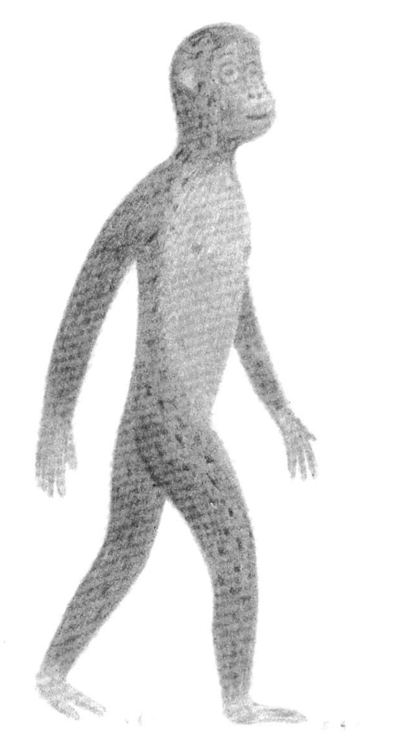

7000000年前

七百万

4400000年前

四百四十万

你喜欢拼图和积木，

也许是因为很久以前，你制造过各种工具。

如同原子制造了星星、地球和细胞，细胞制造了动物和草木一样，

人类把各种东西组合到一起，制造了工具。

600000年前

六十万

因为人类能自由地使用双手了，
于是开始磨石头、砍树、生火，开垦耕田。
你穿上衣服，在房子里生活，开始做饭做菜了。

200000 年前
二十万

10000 年前
一万

5000 年前
五千

你喜欢电车和汽车，
也许是因为很久以前，你是一个发明家。

人类研究太阳和星星的运行，制造了时钟，
利用火和水，让火车和汽车跑了起来。
用望远镜看到遥远的星星，
用显微镜发现了小小的细胞。

你巧妙地利用原子制造的东西，
制造出更多方便的工具。

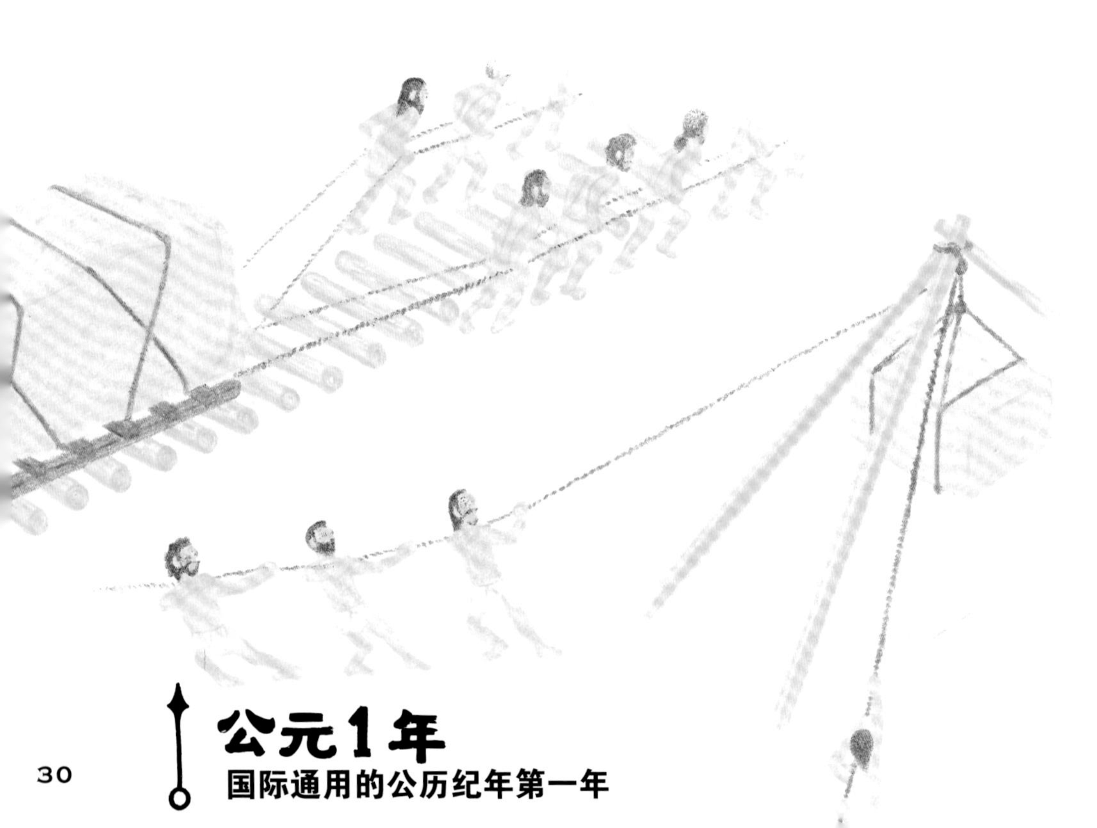

公元1年
国际通用的公历纪年第一年

1500年
一千五百

1800年
一千八百
1900年
一千九百

你喜欢超人英雄，
也许是因为很久以前，别人多次救过你的命。

你变成人类之后，经历过好多次危险。
你遇到过大地震和暴风雨。
夺走生命的疾病也曾在城市蔓延。
人与人之间，还发生过战争。
每次你都得救。

1940年
一千九百四十

你对喜欢的事情着迷，
也许是因为很久以前，你实现了太多的梦想。

你觉得理所当然的生活，
是原子、细胞和很久以前曾经是原始人类的你，
经过了漫长的岁月创造出来的。

1960年
一千九百六十

1980年
一千九百八十

哪怕是旅程途中缺少了任何一段，
现在的你都不会来到这个世界上。

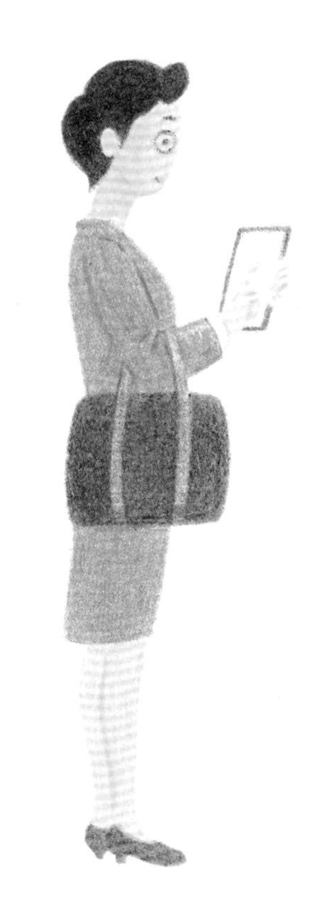

2000年
二千

原来只是一个原子的你，

经过 138 亿年，终于成了爸爸妈妈的宝宝。

怎么样？
很久以前的你的事情，想起来了吗？

现在……

完

去科学博物馆看看吧！

在你的身边，有太多的不可思议。
在科学博物馆里，
你可以了解星星、陨石和地球的起源，
看到恐龙化石以及各种生物的标本，
看到望远镜、火车头、火箭等
在绘本里出现的东西。
说不定你还能找到
你还不知道的“为什么”“怎么会”。

卡姆珀·德尔·塞罗陨石

这是落在阿根廷的陨石实物。
在陨石里，它被称为“铁陨石”。
它的成分几乎都是铁。

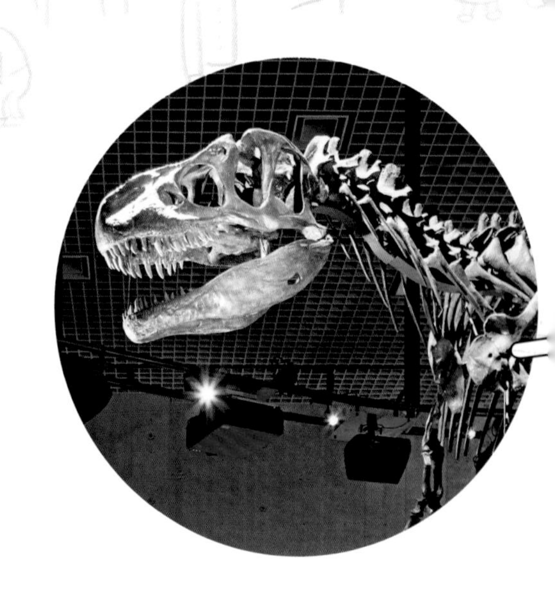

「国立科学博物馆《地球史领航员》」

在东京上野国立科学博物馆，
你不仅可以观看一部讲述 138 亿年旅程、名叫《地球史领航员》的动画片，
还可以观看馆内展示的生物化石、古时候用过的工具。
这本绘本，就是从《地球史领航员》中诞生的。
请你一定去看看！

异特龙的全身骨骼

你可以看到在这本绘本（封面和22页）中出现的
活在1.5亿年前的恐龙的全身骨骼。
大部分骨头都是实物化石。

人造气象卫星 向日葵号

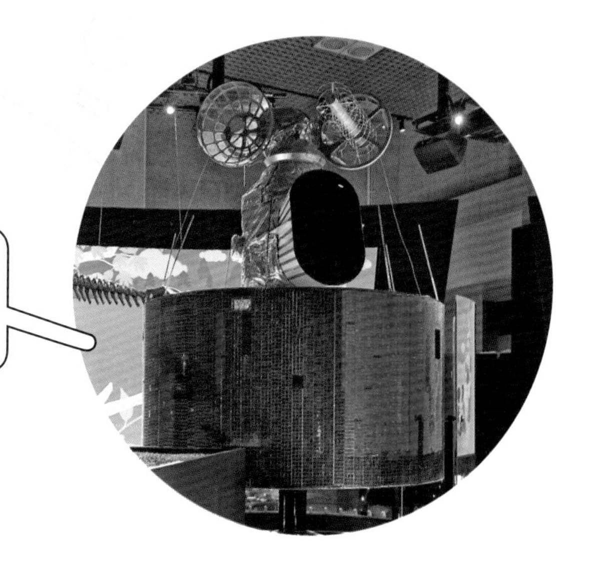

它之所以叫“气象卫星”，
是因为它能预报天气。
它围绕着地球旋转，
是日本最初的气象卫星。

照片提供：国立科学博物馆 乃村工艺社·丹青社设计施工共同企业体